院士带你去探索
科普绘本
（第三辑）

丛书主编　倪闽景
执行主编　宋　娴

一滴水的奇幻漂流

科学顾问　王君波
作　　者　沈　嫣
绘　　图　美丽科学

上海科技教育出版社

科学顾问

王君波

中国科学院青藏高原研究所研究员

“上海科普大讲坛”第 152 讲《对话过去，“亚洲水塔”的破译者》演讲人嗨！我是米娅，一名小学生，喜欢冒险和旅行，对世界充满好奇！

我有个非常厉害的“宝物”——神奇手表。神奇手表有许多奇特的功能：翻译动物语言、自动查找信息、对资料全息投影……最神奇的是，它能帮助我进行时间、空间，甚至思维的穿越！

汪汪！我是小 Q，米娅的小伙伴，总是和米娅一起探险。我非常聪明，常常给米娅建议；偶尔也有些调皮，会制造一点小麻烦。

“哗啦哗啦——”窗外狂风大作，雨点重重地打在窗户玻璃上。

7月的某一天中午，没有夏日骄阳，天空下着滂沱大雨。好几天了，雨还没有要停的意思，米娅的爸爸妈妈坐在电视机前，关注着最新天气预报。

看来天气预报说得没错，这雨真是停不下来了……

读懂天气预报

我们在电视、报纸、手机上都能看到天气预报，以此作为增减衣物、出行等的依据。天气预报在电视上播报的时间一般比较短，语言精简凝练，由此诞生了一批天气预报专用词汇。

降雨量等级如何划分？

我们在天气预报中经常听到小雨、中雨、大雨、暴雨等描述，小雨究竟有多小，大雨又有多大？气象学家是如何区分的？

划分的标准是降水的强度，也就是单位时间内的降水量。由于长时间的暴雨还会带来一些次生灾害，所以气象部门有时候还会发布暴雨预警信号，预警分为蓝色、黄色、橙色、红色四级。气象台发布暴雨预警信号后，人们应及时采取相应措施，减少出门，做好预防。

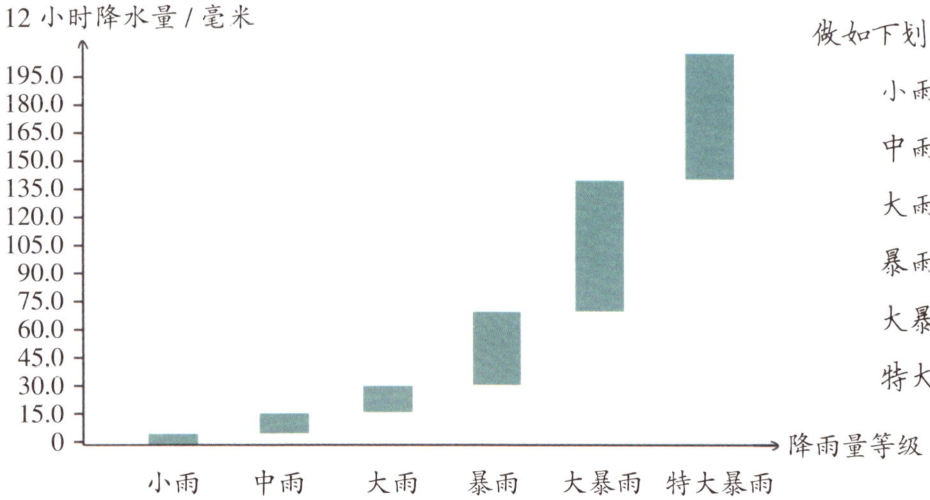

以 12 小时内的降水量为例，可以做如下划分：

小雨：降水量 0.1-4.9 毫米

中雨：降水量 5.0—14.9 毫米

大雨：降水量 15.0—29.9 毫米

暴雨：降水量 30.0—69.9 毫米

大暴雨：降水量 70.0—139.9 毫米

特大暴雨：降水量大于 140.0 毫米

这时，一颗小水滴打在了玻璃窗上，它敲了敲窗户并向米娅挥挥手。灵敏的小Q听到了动静，拉着米娅走了过去。

听到米娅的话，神奇手表振动起来，还发出一道强光，刺得米娅睁不开眼，紧接着一股巨大吸引力将米娅和小 Q 吸了进去。

米娅回过神来，惊讶地发现自己和小Q化身成了小水滴，飘浮在城市上空，周围细细密密全是小水滴同伴，它们欢快地自上而下，叫喊着：“走喽走喽！咱也体验一把飞翔的刺激！”

一眨眼的工夫，米娅跟小 Q 像坐过山车般从空中落下，“嘭”地落在了叶片上，可还没等他们坐稳，调皮的树叶就倾斜了身子，他们坐着树叶“滑滑梯”落到了地上。

这一屁股坐下去，小 Q 疼得“汪汪”叫：“这是什么奇幻漂流呀，可太费屁股了，小心脏也‘噗噗’直跳。”

小水滴哈哈大笑起来：“我们的旅程才刚开始呢！”说完，无数的小水滴汇聚起来，簇拥着米娅和小 Q 一路向前，大家欢呼雀跃着，仿佛在春游。

不知不觉间，他们已经来到了一条河边，河水叔叔招手向他们发出邀请：“孩子们，快过来吧！跟我去更远的地方！”

米娅害怕极了——她是个旱鸭子，不会游泳，怎么敢往水里跳呢？

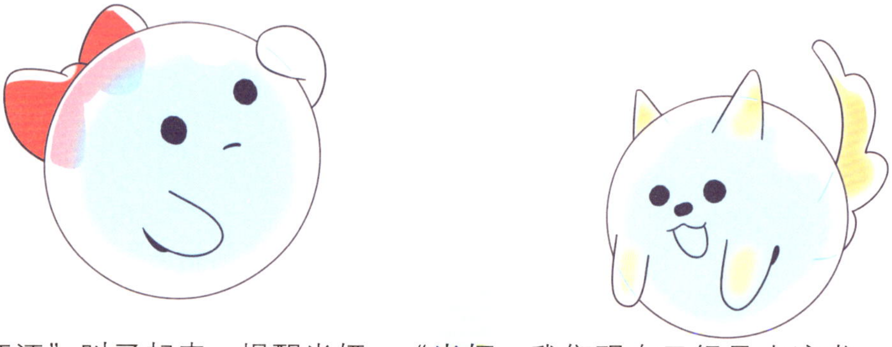

小Q“汪汪”叫了起来，提醒米娅：“米娅，我们现在已经是水滴啦，不用怕水，不如我们跟着伙伴们一起去看看吧！你不是想知道雨水都是从哪儿来又要到哪里去吗？说不定旅途中会有新发现呢！”

还没等米娅答应，小Q就拉着她一个猛子扎进了河里。

米娅和小 Q 一路漂着漂着……雨渐渐停了，天气转好，太阳出来了。晒着太阳可真舒服！米娅想跟小水滴说话，一回头却发现，一起漂流的伙伴比之前好像少了很多，她诧异地问：“其他小伙伴去哪儿了？不会是藏起来了吧？”

小水滴说：“它们都已经变身啦！”

水的变身

生活中，水无处不在，江河湖海中的是液态水，冰川雪原上的是固态水，看不见的水蒸气是气态水。水像个魔术师一样，经常在各种形态中大变身，组成了自然界的气象万千。

小水滴的伙伴们纷纷“消失”，其实就是水从液态转变为气态的蒸发过程。

液态水

固态水

气态水

除了从水面蒸发，水还有土壤蒸发和植物蒸腾两种蒸发形式。

蒸腾作用涉及植物本身的生理构造。植物的根系吸收土壤中的水分，然后通过根、茎、叶柄和叶脉将水输送到叶面，叶面上分布着气孔，水汽就通过这些气孔向外扩散。除了一小部分水会被植物留在体内，90% 以上的水都会被蒸发。天气炎热时，植物的蒸腾作用可使植物避免被烈日灼伤。

“原来如此。那它们变身后去了哪里呢？我们还会和它们再相遇吗？”米娅问。

“别急，马上你就会知道啦！”小水滴回答。

说话间，它们又向前漂了好远，米娅发觉眼前豁然开朗，一片蓝色的大海出现在面前。河水叔叔提醒他们：“准备好，小朋友们，我们到入海口啦！”

米娅感觉身边更拥挤了，无数的小水滴拥在一起，随着波浪起起伏伏。米娅跟着大伙儿的节奏一会儿上、一会儿下、一会儿左、一会儿右，没多久就转晕了。

她赶紧抓住身边的小水滴："这是你说的奇幻漂流的终点吗？我们已经到大海了，下一步去哪儿呀？"

这时，小 Q 突然兴奋地抬头叫起来。米娅顺着它的目光望去，只见无数颗水滴从海面升起，在阳光照耀下，发出亮闪闪的光芒。

正感叹着眼前的美景，米娅发现自己也变得轻盈了。低头一看，原来自己正跟着其他水滴一起飘升起来。

“看看蒸发后我们可以去哪儿吧！”小水滴说道。

水的循环

为什么天上的雨永远都下不完？这是因为地球上的水都处在一个大循环中，一滴水可能今天在河里，明天流到海里，后天又跑到天上去了！

地球表面约 97% 的水存储在海洋中。每年有非常多的水从海洋蒸发，其中约 2/3 以降水形式落回海洋，这就构成了海洋的水循环。剩下的 1/3 被空气带到陆地上空，与陆地蒸发的水汽混合，在一定条件下通过雨、雪、冰雹等形式降落下来。这些降水或落入江河湖泊，或向下渗透形成地下水，最终再回到大海，这一过程叫作海陆大循环。还有少部分降水重新蒸发再次回到陆地上空，这就是陆地小循环。

水就这样在这些大循环和小循环中来来回回运动，天上的雨水当然也就下不完啦！

正当米娅猜想旅途的下一站是哪里时，一辆云朵公交车停在了他们面前，邀请道：“嗨，小朋友们，想继续你们的奇幻之旅吗？快上车吧，接下来的行程光靠自己可是不行的哟！”

这趟公交车来得可真是太及时了！米娅和小Q刚刚经历了急速漂流、过山车般的大起大落，此刻都累了，他们忙不迭爬上软乎乎的云朵公交车，惬意地坐下来，去往下一个目的地。

水汽输送

水汽输送是水循环的重要环节，也是将海水、陆地水与空中水联系在一起的纽带。它指的是大气中的水分由一地向另一地转移，转移的方向可能是水平的，也可能是垂直的。海洋上空的水汽飘到陆地上空以及低空的水汽上升到高空等，都是水汽输送。

他们搭乘着云朵公交车一路飘飘荡荡，时而看到崇山峻岭，时而看到激流险滩，时而看到广阔的平原上大片大片的庄稼。

旅途中，同行的小水滴乘客们到站后陆续下车，给当地带去降水，滋润了土地。

可能是云朵公交车太舒服了，米娅不知不觉睡着了。

等再醒来的时候，眼前的场景让米娅大吃一惊——连绵的高山冰川像一条厚厚的被子把一切都遮盖住了，无垠的白色把这块地方衬托得十分荒凉。

米娅赶紧叫醒还在沉睡中的小 Q，刚醒来的小 Q 也是一脸茫然，只有小水滴满脸激动，说着："到家了！到家了！"

米娅和小 Q 都很疑惑，这究竟是哪儿？这地方竟然是小水滴的家乡？

水塔？水塔是什么塔？长什么样子？有多高？
?
?

什么是水塔?

现在，城市中或许很难再看到水塔，但是它曾经作为一种供水建筑与居民日常生活息息相关。水塔的主要作用是存储和调节水流。水塔的形状有圆柱形的、球形的、倒锥形的，无论哪种形状，它们都具有相同的特点，那就是——高，就像矗立在城市中的高塔一样。

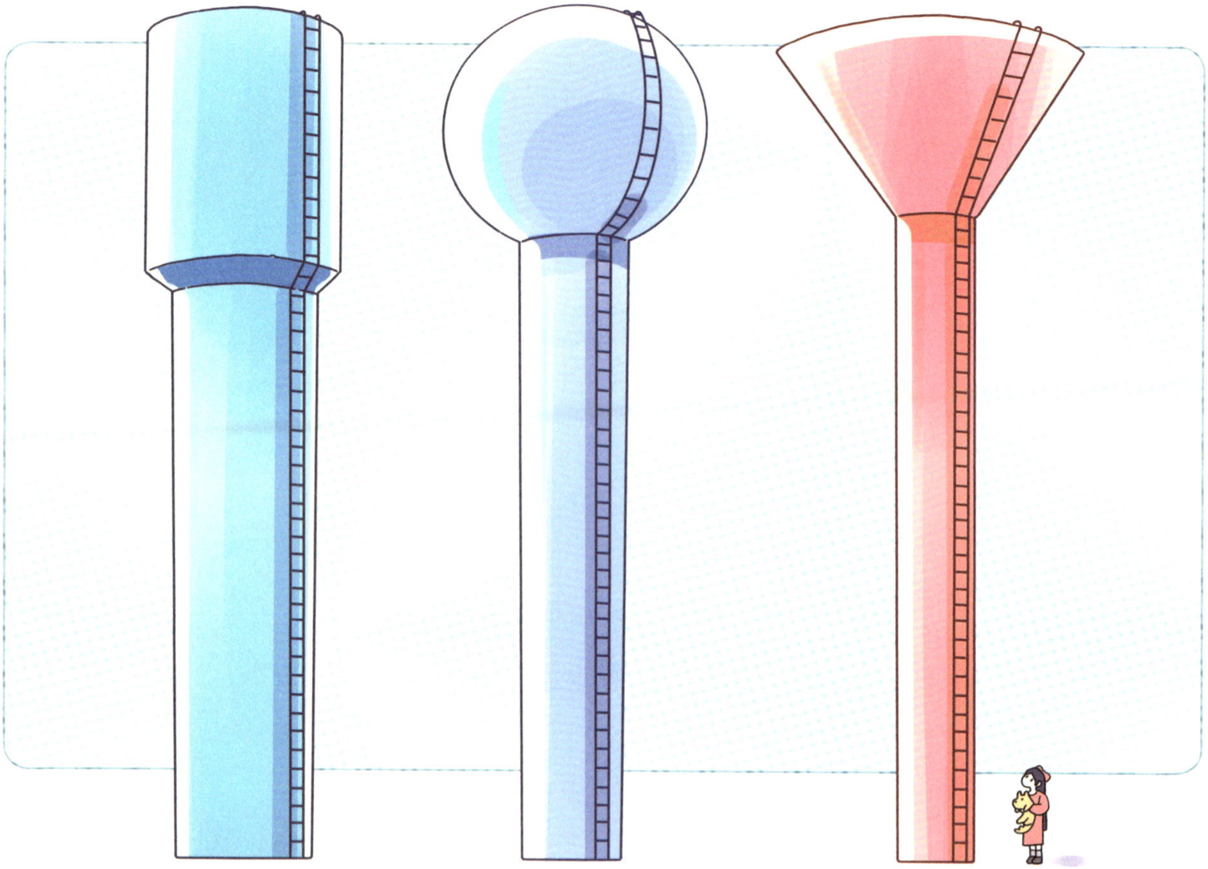

用水跟用电相似，有高峰期也有低谷期，夜晚人们用水少时，水被抽到水塔里。

白天需要大量用水时，储存其中的水被放出来，以此维持和稳定城市内居民和工业用水。

早期的自来水就来自这高耸的水塔，水塔的数量曾经代表了所在城市的发展程度。随着供水技术的进步，人们用上了更方便快捷的水箱，水塔逐渐退出了历史舞台，有些成为城市地标之一。

听完小水滴的介绍，米娅想起来，自己家附近就有这样一座水塔，从卧室窗户就能看到它高高的身影。以前一直好奇那是什么，原来是一座水塔！

可是，米娅环顾四周：都是高山冰川，哪里有水塔的踪影呢？

这时，突然传来一阵笑声：“欢迎小朋友们来青藏高原做客！”眼前的冰山爷爷向米娅打起了招呼。

“什么？我们现在在青藏高原？！就是那个全世界海拔最高的高原？!”米娅和小Q再一次震惊了。

小水滴刚才不是说这是“亚洲水塔”吗？这里到底是青藏高原还是亚洲水塔？米娅和小Q有点迷糊了。

“亚洲水塔”的由来

亚洲水塔当然不是一座普通的水塔，它其实是指以青藏高原为核心的高山地区。为什么会把青藏高原叫作“亚洲水塔”呢？我们看看两者的相同之处吧！

非常高：

水塔曾经是城市最高的地标性建筑。

青藏高原是世界上最年轻、最高大的高原，平均海拔超过 4000 米。

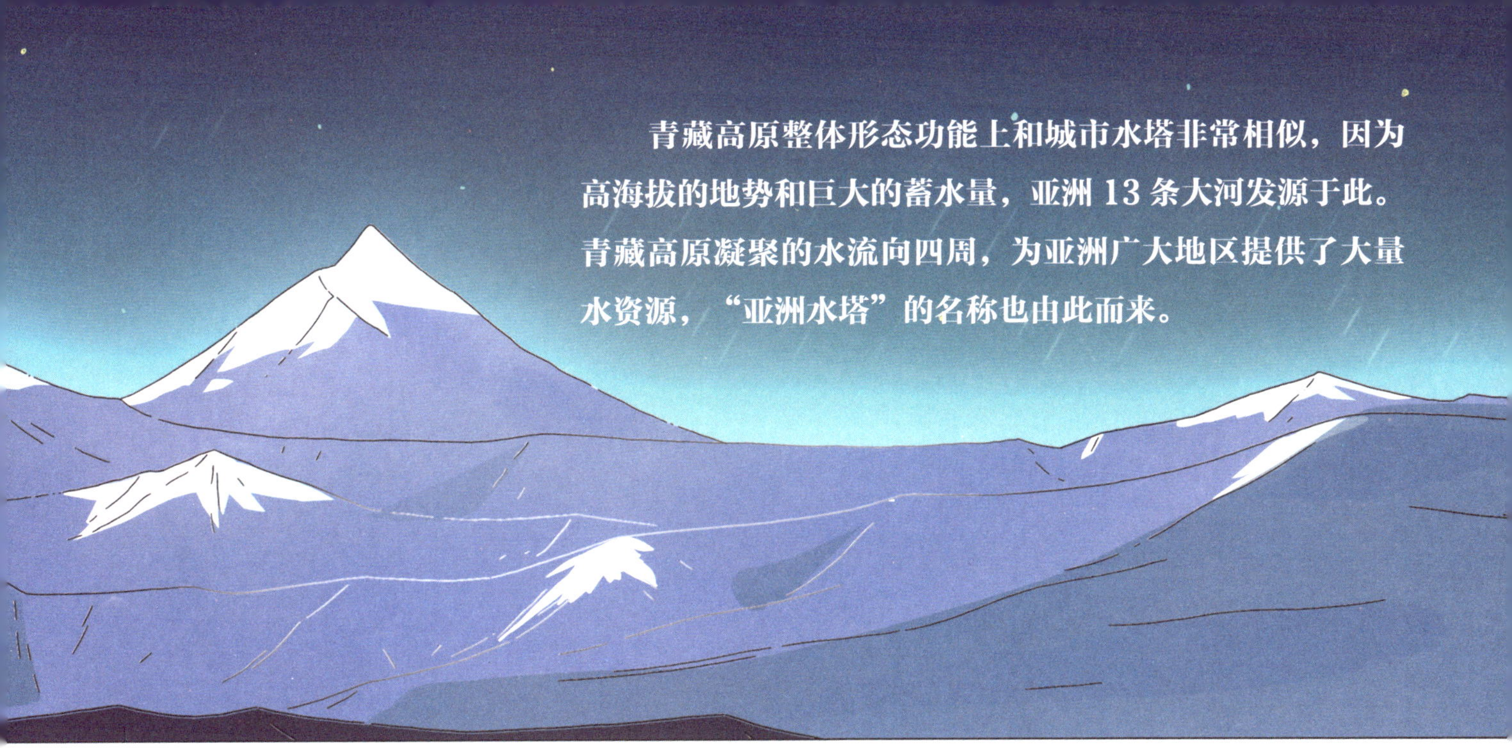

青藏高原整体形态功能上和城市水塔非常相似，因为高海拔的地势和巨大的蓄水量，亚洲 13 条大河发源于此。青藏高原凝聚的水流向四周，为亚洲广大地区提供了大量水资源，“亚洲水塔”的名称也由此而来。

蓄水量非常大：

水塔要满足城市供水，储水量最大可以达到几百吨。

青藏高原拥有 5 万平方千米湖泊、10 万平方千米冰川、30 万平方千米常年积雪，蕴含超过 9 万亿立方米的水资源。

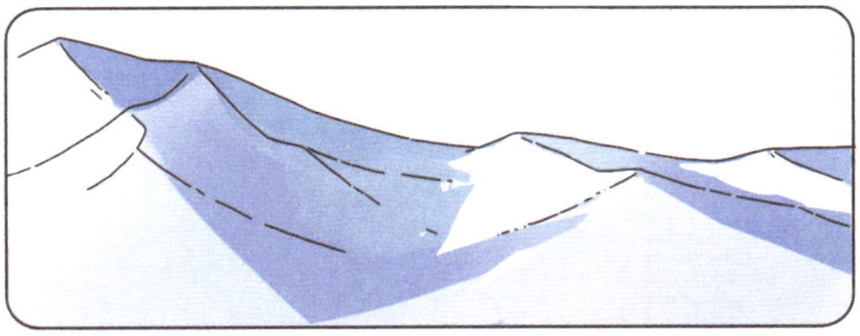

听完冰山爷爷的介绍，米娅才终于搞懂，原来“亚洲水塔”就是青藏高原！

“曾经我就从这里出发顺着江河一点点流入海里，今天终于回来了。”说起自己的家乡，小水滴一脸自豪，滔滔不绝。

“我的兄弟姐妹们多到数也数不清！我举几个例子你们就知道了。”

亚洲水塔里究竟有多少水？

超过 9 万亿立方米！那么 9 万亿立方米的水究竟是多少？

长江平均年径流量为 9600 亿立方米，只相当于青藏高原水资源量的约 10%，将长江入海口处奔流 10 年的水的总量累加，才比得上青藏高原上的水量。

渤海南北长 556 千米，东西宽 236 千米，面积 7.72 万平方千米，平均深度约 18 米，最深 70 米。青藏高原的水可以灌满 6.4 个渤海。

世界第一大河亚马孙河的平均年径流量约为 6.9 万亿立方米，青藏高原的总水量相当于一条亚马孙河加两条长江。

这 9 万亿立方米仅仅是冰川、湖泊、河流水量之和，还不包含积雪、冻土中的水。

米娅被小水滴报出的一连串数字惊得久久说不出来话，脑海里仿佛有数条大江大河在打架。

被各项数据震惊了的他们都没有注意到冰山爷爷的异常。小水滴无意间瞥到一眼，立马脸色大变，拉起米娅、小 Q 想赶紧逃走。

只听到“砰”的一声巨响，他们感受到了一阵巨大的震动，再一看，一条白色“长龙”咆哮着向前飞去，像火山爆发又像泥石流，所到之处冰雪裹挟着碎石继续向前冲……过了一会儿，“长龙”终于停了下来。

米娅脑袋被震得嗡嗡作响，小水滴看了一眼冰山爷爷，叹了口气。

冰崩

近年，随着气候向暖湿化方向发展，青藏高原上以前移动速度相对缓慢的冰川，正变得越来越不稳定，有时甚至会出现剧烈运动和强烈消融，进而引发冰崩、冰川跃动、冰湖溃决、冰川泥石流等灾害。

冰崩造成的影响非常大。2016 年 7 月，西藏阿里地区阿汝错湖区的 53 号冰川发生崩塌事件，掉落的冰川翻涌了十多千米，淹没了沿岸数个居民点和大片草场，造成多人死亡，数百头牲畜被掩埋。当时冰崩带的平均厚度达 15—20 米，最深处有 30 米，容水体量在 6 亿立方米，相当于一个大型水库的容量。

米娅看了看冰山爷爷，觉得他像极了自己生病时的样子，忍不住摸了摸冰山爷爷的额头……不好，怎么这么烫呀！

小水滴的神情愈发严肃了，眼神也充满了焦虑：“要是发烧可就糟糕了！一旦冰山爷爷体温升高，可是会引发连锁反应的呀！”

亚洲水塔“发烧”了

最近几十年地球气候发生了剧烈变化，而青藏高原的升温速率是地球平均升温速率的两倍。如此剧烈的温度变化，使得“亚洲水塔”上许多的固态水（冰、雪）融化，高原环境及发源自青藏高原的河流都受到影响。

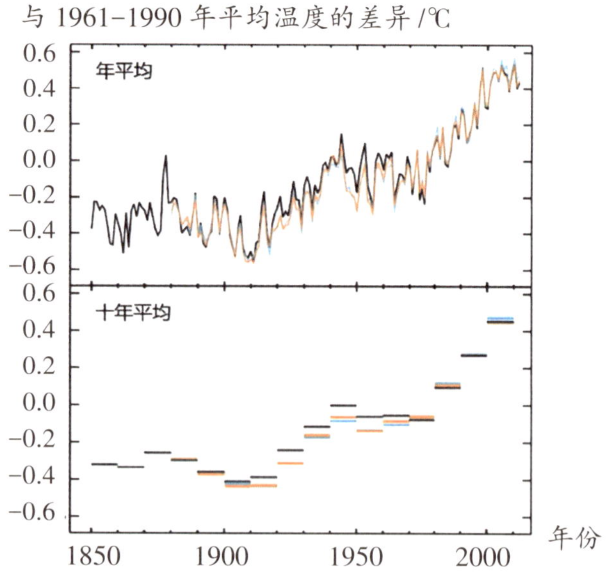

1. 冰川退缩

固态水储量减少是亚洲水塔失衡的关键。根据 2019 年的数据，过去 50 年，青藏高原及其相邻地区的冰川面积缩减了 15%，高原多年冻土面积也减少了 16%。其中，小冰川退缩的趋势更为明显，有预测认为，未来五六十年里，一些小冰川可能会消失。

2. 湖泊扩张

在冰川退缩的同时，青藏高原的湖泊却在不断扩张。特别是2000年以后，扩张的幅度在不断地加大。截至目前，青藏高原湖泊已经增加了约1000多亿立方米，相当于3个三峡水库的容量。

3. 河流水量增大

冰川融水是多条河流的重要水源。由于气候变暖，冰川融水给河道的补水量不断增加。科学家发现，20世纪70年代以来世界范围内的多条河流水量呈现不同程度的增加。

要是冰山爷爷的高烧一直不退，后果简直不堪设想！

米娅想起，自己高烧浑身特别难受的时候，妈妈不是让自己吃药就是带自己去医院，不知道冰山爷爷的病是不是也有什么好的治疗方法呢？

小 Q 的耳朵突然竖了起来：“我好像听到了什么声音，你们能听到吗？‘突突突’的，像是有人在凿洞一样。”

小 Q 的耳朵果然灵敏！大家安静下来后，隐隐约约的确听到类似工人装修钻洞的声响，在空旷的冰川上阵阵响起。

小水滴一把拉起米娅和小 Q 飞上天空，想从高处看个究竟，这茫茫的冰川上莫非还有别人？他们从空中远远望去，果然有一群人围拢在一起忙活着。

在昏暗的夜色中，科考帐篷发出亮光。不远处，几位工作人员正围在一根碗口粗的柱子边，他们有的站在一旁记录，有的则紧张地盯着柱子。

米娅对他们的行为感到好奇：“他们在做什么呀？为什么天都黑了还要打钻？”刚缓过来的冰山爷爷开口向大家科普起来：“他们正在钻取青藏高原的‘无字天书’呢！白天气温高，冰芯取出来之后容易消融，所以他们只能在夜晚工作。”

青藏高原综合科学考察研究

青藏高原是地球上最年轻、海拔最高、面积最大的高原，是地球上最独特的地质、地理和生态单元，是开展地球演化、圈层相互作用及人地关系研究的天然实验室。我国科学家在1973年和2017年两次对青藏高原进行大规模科学考察。

1973年，第一次青藏高原大规模综合科学考察拉开序幕，至科考结束，科考队员全面完成了260万平方千米的考察，积累了大量的科研资料，在岩石圈层、自然环境、生物物种、自然灾害等方面取得了举世瞩目的成就。44年后，2017年8月，第二次青藏科考在西藏拉萨启动。

如果说第一次科考侧重“发现”，第二次科考则聚焦“改变”，围绕水、生态和人类活动，探究青藏高原发生了哪些变化。

科学家们也在努力建设科考数据共享平台，到时候最新的科考发现和科研成果都可以上传到平台上，让不同领域乃至不同国家的科学家们一起合作，共同参与到青藏科考的研究中来。

123!

真是了不起！没想到他们要在空气稀薄、人烟稀少的高寒地区完成这么多任务！

就在米娅和小Q暗自佩服时，他们听到科学家们兴高采烈地谈论着："这次冰芯的成色看着真不错，回去研究说不定能有大发现！"

"快趁这会儿温度降下去了，再打几个试试，等白天温度高了，可都要融化咯！"另一位科学家也附和着。

无字天书——冰芯

冰芯来自冰川内部，一年年的积雪形成一层层沉积物，年复一年，就形成了厚厚的冰层。冬季气温低，雪粒细而紧密；夏季温度高，雪粒粗而疏松，这样的差异就形成了显著的层理结构。相比树木年轮、湖泊沉积、古土壤等，冰芯在低温环境中保存的信息更加完整、时间尺度更大，因此也被称为“无字的环境密码档案库”。

做研究时，科研人员会把冰芯处理成小块放在不锈钢容器中，抽出空气再将它融化。根据冰芯释放出的气泡，科研人员可以测算出当时空气中的二氧化碳浓度，从而进一步提取出温度变化指标。

许多科学家在高寒、高海拔的地区爬冰卧雪，长年累月地坚持着，为成功探取冰芯付出了艰辛的努力。2015 年，科学家在古里雅冰川钻取了全长 308.45 米的冰芯，这是地球上除南北极冰芯外获取的最长冰芯，也创造了世界高海拔地区一次性钻取最多冰芯数量的记录；2022 年，“巅峰使命”珠峰科考队成功登顶珠峰，首次完成在珠峰峰顶海拔 8848.86 米高度采集冰芯样品的任务，为青藏高原的地质气候变化研究提供了宝贵的证据。

“无字天书”原来藏着这么多的秘密！青藏高原上神奇的“芯”还不止这些，神奇手表带大家来到一个湖边。

只见一片宝石蓝的湖面上矗立着一座大型的平台，平台中央还有一个巨大的升降机，几位科考队员用力转动机器，将一根碗口大小的管子慢慢降入湖底。一个多小时后，在机器的轰鸣声中，这根湖芯管又缓缓地露出作业平台。

一名科考队员走上前，小心地将管子平放，又用工具从中小心地取出一小截湖芯。只见他脸上露出笑容，大声招呼着队员们一起来看。

看来他们对这次钻取的成果非常满意。这根黑黢黢的像煤炭一样的东西，为什么大家会对它那么感兴趣呢？米娅和小Q非常纳闷。

小水滴解释道：“沉积物形成的湖芯和冰芯类似，科学家只要借助科学仪器，就可以看到这些沉积物的前世今生。”

厚重的天然地质书——湖芯

湖芯，即湖泊岩芯，是湖泊沉积物（从气体或水体中自然沉降到湖底）堆积起来的物质。由于青藏高原上的湖泊以内陆封闭湖泊为主，处于整个流域的最低处，因此也是流域内岩石、土壤、植被、河流及人类活动等信息的聚集地。科学家们通过采集湖泊沉积物开展相关分析和研究，可以反推沉积物形成时的气候环境状况。

2020 年，我国科学家首次在高海拔深水湖泊中获取百米以上湖芯，对我国湖泊钻探与古湖泊学的研究具有重要的推动意义。

最年轻的“芯”——树芯

除了冰芯、湖芯以外，科考队员们还会研究树芯。 树木的年轮代表它的年龄，而树芯是树木年轮的截面，可以说是树木成长的“档案”。通过树芯上年轮宽度的变化，可以探知树木的生长速度。一般来说，年轮宽说明气候条件较好，水热较为充足，年轮窄则可能是气候比较寒冷。当然树芯上年轮的宽度也受很多自然环境的影响，如冰川运动、滑坡泥石流等会破坏树芯，特别在干旱或者寒冷的因素影响下，树木还会出现“丢轮”的现象。科学家们可以通过研究树芯推测出树木生长环境。

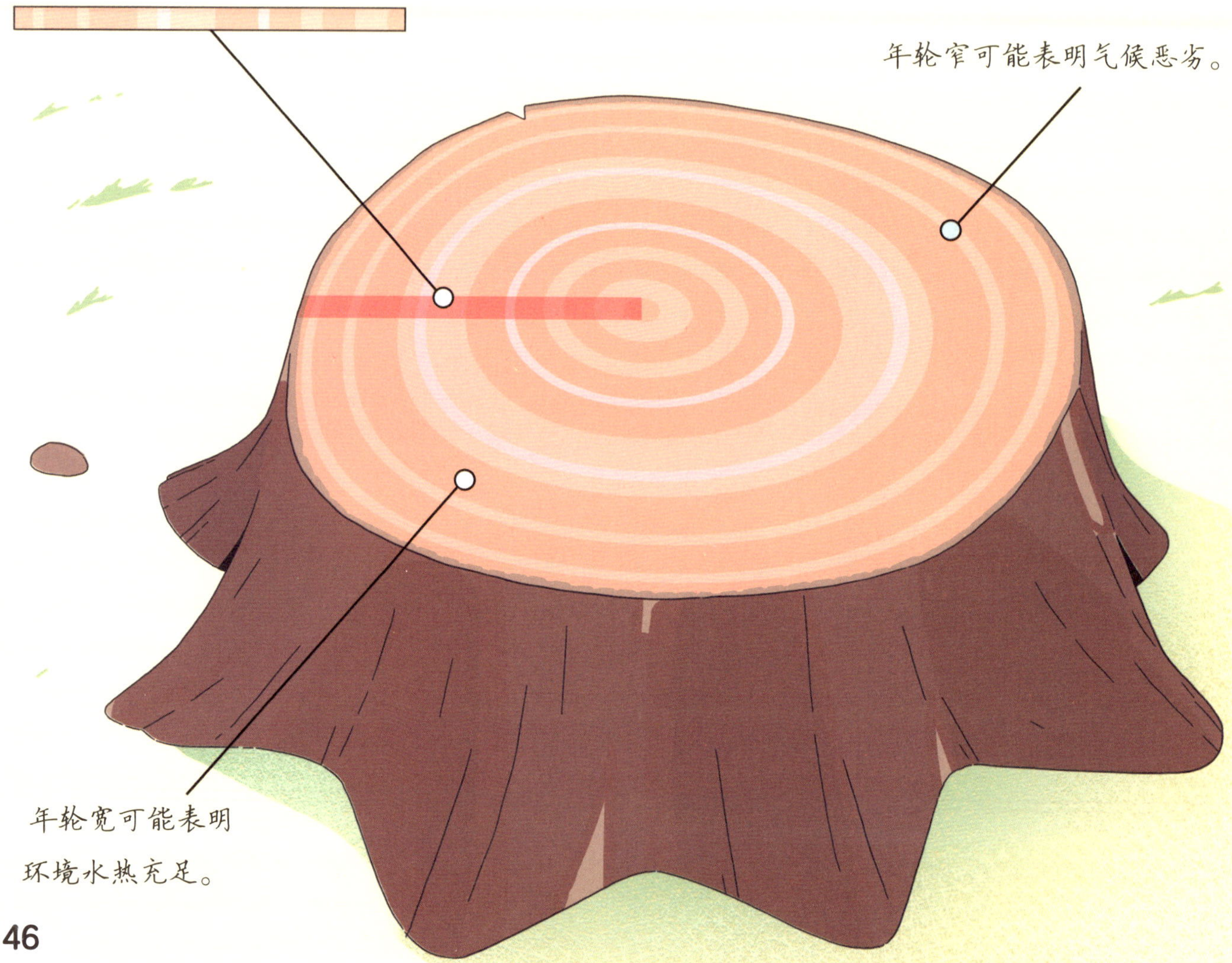

科学家们为什么要读懂这三个“芯”呢？其实是因为不同的“芯”在科考研究的时间尺度中有不同的优势：

树芯定年最准确，因此可以分辨树木每一年的生长情况，从而判断每一年的气候环境变化。

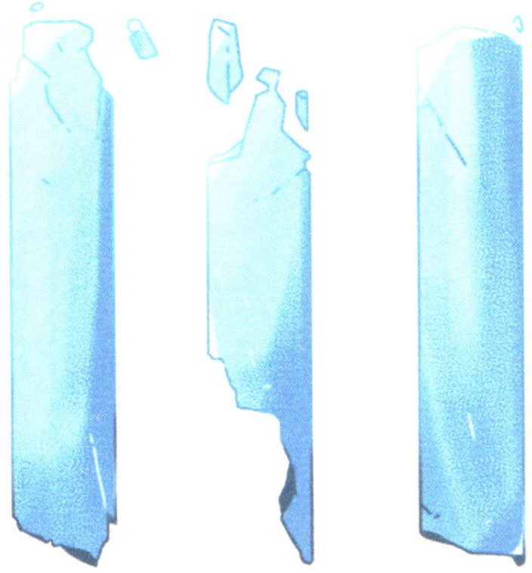

冰芯也具有类似的特点，但是它读取的时间尺度可以更长，甚至可以研究几十万年中的气候历史。

湖芯中的物质是各个年代沉积物的层层累积，它的研究尺度可以从几十年到几十万年甚至更久。

听完小水滴的介绍，米娅不禁被科考队员们严谨细致的科学精神深深打动，也暗暗为冰山爷爷松了口气：有那么多厉害的科学家在青藏高原做冰川、地质、生物、气候等的全面研究，这不相当于在给冰山爷爷做体检嘛，说不定在不久的将来冰山爷爷的烧就能退了！

这时，脚边的小Q突然发出“呜呜”的声音，它蹭了蹭米娅：“米娅，我好难受呀！全身没有力气，喘不上气来。”

米娅吓坏了！原本活蹦乱跳的小Q此时完全蔫了，吐着舌头，呼吸急促。这可怎么办？刚才明明还好好的！米娅赶忙向小水滴求助。

隐藏在冰川中的“杀手”

其实在洁白剔透的冰川下面躲藏着非常凶险的病毒。科学家们已经发现，青藏高原的一些冰川下有许多被冻结的微生物。通过采样研究以及进一步验证，科学家认为这些微生物中极有可能包含着古老的病毒，更可怕的是，其中许多种人类目前还一无所知！随着气候不断变暖，这些病毒很有可能在冰川融化时“复出”，重新出现在地球表面，对人类和其他生物造成危害。

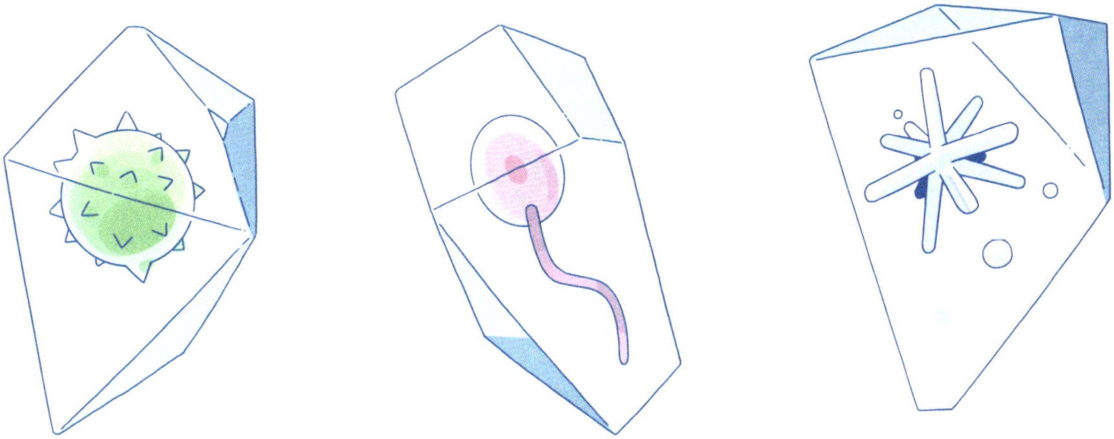

病毒重现已有先例。西伯利亚的永久冻土层融化后，一具被病毒感染的鹿的尸体解冻，造成病毒在当地鹿群中爆发，许多驯鹿死亡，还有大量居民生病住院。

目前的发现可能还仅是“冰山一角”，或许还有更多人类未知的危险因素埋在冰川之下。

听完小水滴的介绍，米娅愈发着急，既然是连人类都不了解的病毒，那小 Q 该怎么办呢？

慌乱中米娅突然想到还有神奇手表，她急忙问：“神奇手表，你能告诉我小 Q 究竟生了什么病吗？”

只见电子屏幕上闪现了几个字：高原反应。

高原反应

高原反应是指人进入高海拔地区后，身体难以适应低压缺氧的环境，再加上空气干燥、紫外线照射、寒冷等因素而出现的一种病症，常见的症状有头痛、失眠、食欲减退等，严重时还会引发呼吸困难。高原反应通常发生在刚进入高海拔地区时，2—3 天后随着身体机能的不断适应，症状会逐渐缓解或消失。

这么看来倒是问题不大，小 Q 没有感染病毒，只是在高原上跟着大家东奔西跑产生了不适，或许回去以后，它的症状就会消失。

是时候告别了。神奇手表发出了闪光和震动信号，仿佛在告诉米娅这次旅程即将结束。

“小水滴，你跟我们一起回去吗？”米娅向它发出邀请。

“不啦！我的旅程还在继续，这次你们把我带回了老家，也是时候开启我的下一段旅程了。说不定哪天我们还会再见面呢！”

米娅刚回到家，就赶紧去查看小 Q 的情况，只见小 Q 迷迷糊糊睁开眼睛，疑惑地问："米娅，我是睡着了吗？我们怎么又回家了？刚才不是还在青藏高原吗？"

米娅检查了一下小 Q 的身体，发现之前的症状都消失了，看来神奇手表没有错，小 Q 真的只是高原反应。此时的米娅终于长长地舒了一口气。

哗啦哗啦……窗外的雨一直在下。米娅静静看着远处的水塔，内心默默地祈祷：希望真的是一场梦，希望冰山爷爷可以早点退烧，希望和小水滴还可以再见面。小 Q 趴在米娅身边不说话，神奇手表悄悄闪过一丝微弱的光芒，又马上消失不见了……

图书在版编目（CIP）数据

一滴水的奇幻漂流/倪闽景主编. —上海：上海科技教育出版社，2023.12

（“院士带你去探索”科普绘本）

ISBN 978-7-5428-8079-6

I. ①一… II. ①倪… III. ①水循环—儿童读物 IV. ①P339-49

中国国家版本馆CIP数据核字（2023）第244777号

丛书主编 倪闽景

执行主编 宋 娴

院士带你去探索（第三辑）

一滴水的奇幻漂流

YIDISHUI DE QIHUAN PIAOLIU

科学顾问 王君波

作　　者 沈 嫣

绘　　图 美丽科学

责任编辑 程 着

装帧设计 李梦雪

本册绘图 王鸿涛　张嘉君　惠梦雨

出版发行 上海科技教育出版社有限公司

（上海市闵行区号景路159弄A座8楼　邮政编码201101）

网　　址 www.ewen.co　www.sste.com

经　　销 各地新华书店

印　　刷 上海华顿书刊印刷有限公司

开　　本 889×1194　1/16

印　　张 3.5

版　　次 2023年12月第1版

印　　次 2023年12月第1次印刷

书　　号 ISBN 978-7-5428-8079-6/G · 4819

定　　价 38.00元